Alles elektrisch!

Ein Wegweiser für Haus und Gewerbe

Preisgekrönte Bearbeitung von

H. Zipp
Ingenieur in Cöthen

Neue, durchgesehene Auflage

81.—100. Tausend

Springer-Verlag Berlin Heidelberg GmbH 1912

ISBN 978-3-662-38747-4 ISBN 978-3-662-39634-6 (eBook)
DOI 10.1007/978-3-662-39634-6

Spamersche Buchdruckerei in Leipzig

Inhaltsübersicht.

	Seite
I. Verbreitung und Wesen der Elektrizität	5—12
1. Der Elektrizität gehört die Gegenwart	5
2. Was ist Elektrizität?	7
3. Wie mißt und verrechnet man Elektrizität?	9
4. Die Gefahren des elektrischen Stromes	10
II. Die wichtigsten Verwendungsarten der Elektrizität und deren Kosten	13—23
1. Die elektrische Beleuchtung	13
2. Der Elektromotor als vollkommenste Antriebsmaschine	16
3. Der Elektromotor als wirtschaftlichste Kraftquelle	19
4. Das Kochen und Heizen mit Elektrizität	20
III. Die Elektrizität in der bürgerlichen Wohnung	23—26
a) Beleuchtung, deren Betriebs- und Anlagekosten	23
b) Die elektrische Küche und sonstige Heizvorrichtungen	25
c) Der Kraftbetrieb in Küche und Wohnung	26
IV. Die Elektrizität in Geschäftshäusern, Restaurants und Hotels	26—30
a) Beleuchtung; Lichtreklame	26
b) Kraftbetrieb; Kraftwagen	28
V. Elektrizität und Handwerk	30—35
a) Bäckerei	31
b) Fleischerei	32
c) Schreinerei	33

Inhaltsübersicht.

Seite

d) Schlosserei und Schmiede 33
e) Andere Anwendungsmöglichkeiten des Motors im Gewerbe 34
f) Betriebsvergrößerungen 35

VI. **Die Elektrizität in der Landwirtschaft, deren Wirtschaftlichkeit und Kosten** 35—40

VII. **Einige Ratschläge für Hausbesitzer und Bauunternehmer** . . . . 40—41

Sachverzeichnis . . . . 42—43

I. Verbreitung und Wesen der Elektrizität.

1. Der Elektrizität gehört die Gegenwart.

Unser heutiges Weltbild wird durch die Elektrizität wesentlich mitbestimmt; mit ungezählten Fasern und Fäserchen durchdringt sie unser privates, öffentliches und gewerbliches Leben, und ihre beispiellose Entwicklung zeigt dem unbefangenen Beobachter die Grundlosigkeit der häufig gegen sie gerichteten Anfeindungen.

Unser Zeitalter ist gewohnt, alles von der wirtschaftlichen Seite zu betrachten; wenn aber die Verwendung der Elektrizität nicht wirtschaftlich wäre, wie kommt es dann, daß in Stadt und Land die Zahl der Elektrizitätsverbraucher mit Riesenschritten wächst?

Unsere nach wirtschaftlichen Grundsätzen geleitete und deshalb hochstehende Industrie wäre ohne die ausgedehnte Verwendung elektrischer Beleuchtung und Kraftübertragung nicht denkbar; ja, erst durch die einfache Meßbarkeit der elektrischen Energie sind die Grundlagen für eine wirtschaftliche Kraftversorgung gegeben worden.

Das Straßenbild unserer Städte hat durch die großzügige Anlage elektrischer Beleuchtung und den Glanz im elektrischen Lichte erstrahlender Schaufenster ein vollkommen verändertes Aussehen erhalten.

Viele Kleingewerbetreibende, die im Wettstreit mit den billiger arbeitenden Großbetrieben besonders vorsichtig in der Wahl ihrer Betriebsmittel sein müssen,

Schnelle Zunahme des Elektrizitätsverbrauches.

haben ihre Dampfmaschinen und Gasmotoren durch Elektromotoren ersetzt. Sicherlich nicht aus kindlicher Freude am Elektromotor!

In den kleinsten Städtchen und Dörfern, gewinnen die Glühlampe und der Elektromotor neue Freunde, dagegen verliert die Petroleumbeleuchtung ständig an Boden, zum Vorteil unseres Volksvermögens, denn **jährlich fließen aus Deutschland 83 Millionen Mark in die Taschen der ausländischen Beherrscher des Petroleummarktes.**

Allenthalben in unserm Vaterland wird in **ländlichen Kreisen** der lebhafte Wunsch nach der **Hilfe der Elektrizität** laut und führt immer wieder zur Gründung neuer Elektrizitäts-Verwertungs-Genossenschaften mit tatkräftiger Unterstützung durch Staat und Großkapital, zweier Helfer, deren Vorsicht und kühles Urteil niemand in Zweifel stellen wird.

Außerordentliche Steigerung des Elektrizitätsverbrauches.

Die Zahl der öffentlichen Elektrizitätswerke ist in den Jahren 1894—1910 auf den achtzehnfachen Betrag, nämlich auf über 2700 gestiegen; die Zahl der Elektromotoren, die von öffentlichen Zentralen gespeist werden, ist in der gleichen Zeit mehr als 180 mal größer geworden; sie stellt heute eine Gesamtleistung von etwa 1,2 Million Pferdestärken dar. Hierzu kommen noch die Triebmotoren der elektrischen Straßenbahnen mit über 400 000 Pferdestärken. Ein bekannter Gasfachmann schätzt die Zahl der in ganz Deutschland von öffentlichen Gasanstalten gespeisten Gasmotoren auf 34 000 mit zusammen 175 000 Pferdestärken; dagegen

Statistik des Elektrizitätsverbrauches. 7

werden allein von den Berliner Elektrizitätswerken 30 000 Motoren mit einer Gesamtleistung von 110 000 Pferdestärken gespeist. Die Zahl der in Berlin vorhandenen Gasmotoren ist in der Zeit von 1901 bis 1908 zurückgegangen von ca. 1160 auf 475 und deren Leistung von ca. 8700 Pferdestärken auf 7500 Pferdestärken.

In den Jahren 1894—1910 ist die Zahl der von öffentlichen Werken gespeisten elektrischen Glühlampen auf das zweiunddreißigfache (16 Millionen) und die Zahl der Bogenlampen auf 271 000 gestiegen.

Die Statistik lehrt ferner, daß die relative Zunahme der Elektrizitätsversorgung in den letzten Jahren etwa viermal größer ist als die der Gasversorgung.

2. Was ist Elektrizität?

Elektrizität ist wahrscheinlich ein Stoff, allerdings in so feiner Verteilung, daß wir ihn mit unsern der grobsinnlichen Materie angepaßten Sinnen nicht erkennen können. Er ist infolge seiner Feinheit befähigt, die meisten der uns bekannten Stoffe, also z. B. auch einen Kupferdraht zu durchdringen. Demnach ist der elektrische Strom als die Strömungserscheinung von Elektrizitätsmengen zu bezeichnen, die aus der Dynamomaschine, mit einem bestimmten Arbeitsvermögen begabt, hinauswandern, den Leitungsdrähten folgen und durch die Fäden der Glühlampen oder die Wicklungen der Motoren sich hindurchzwängen. In der dünnen Fäden der Lampen stellt sich ihnen ein verhältnismäßig großer Bewegungswiderstand entgegen, den sie überwinden müssen. Dabei erlahmt ihre Kraft mehr und mehr, und nachdem sie ihr ursprüngliches Arbeitsvermögen fast vollkommen verloren haben, verlassen sie den durch diesen Vorgang bis zur Weißglut sich erhitzenden und infolgedessen leuchtenden Faden, um durch den Rückleitungsdraht zu ihrer Ursprungsstelle, der Dynamomaschine, zurückzuwandern. Hier werden sie durch den geheimnisvollen Vorgang der Induktion mit neuem Leben und Arbeitsvermögen begabt.

Ganz ähnlich spielt sich der Vorgang im Lichtbogen der Bogenlampen und in den Heizkörpern der Kochtöpfe usw. ab.

Wie bringt aber der elektrische Strom einen Motor zur Drehung?

Jeder Motor stellt eine Anordnung von zwei Elektromagneten dar, von denen der eine feststeht, während der andere, der sog. Anker, sich drehen kann. Wenn nun der Strom durch die Wicklungen der beiden Elektromagnete fließt, so werden beide magnetisch und unter der Wirkung der magnetischen Kräfte dreht sich der Anker.

Hier wird also das Arbeitsvermögen der strömenden Elektrizität durch ihre magnetische Kraftwirkung verbraucht.

In allen Fällen ist für dieses Arbeitsvermögen neben der Strömung selbst maßgebend die sog. elektrische Spannung zwischen den Leitungen.

Der Vergleich mit einer Dampfmaschine liegt nahe; im Kessel wird den kleinsten Wasserteilchen durch das Verdampfen ein bestimmtes Arbeitsvermögen erteilt, das sich in der Dampfspannung zu erkennen gibt und das in der Dampfmaschine und im Kondensator abgegeben wird. Das kondensierte Wasser kann dem Kessel wieder zugeführt werden, um von neuem belebt zu werden.

3. Wie mißt und verrechnet man Elektrizität?

Jede Arbeit muß bezahlt werden, so auch die Arbeit des Dampfes, die sich im Kohlenverbrauch zeigt, und die elektrische Arbeit. Wenn eine Dampfmaschine 10 Pferdestärken (PS) während 6 Stunden leistet, so hat sie eine Arbeit von 60 Pferdekraftstunden erzeugt. Der ihr während dieser Zeit zuströmende Dampf war mit dieser Arbeit begabt. Am richtigsten wäre es daher, die durch Vermittlung des Dampfes übertragene Arbeit von 60 PS-Stunden der Verrechnung zugrunde zu legen.

Das ist aber schwierig, weil man keine einfachen Meßvorrichtungen hierfür besitzt. Dagegen besitzt die Elektrotechnik in den **Elektrizitätszählern** höchst vollkommene Arbeitsmesser, welche die den Stromverbrauchern zugeführte elektrische Arbeit aufzeichnen. Aber das Maß der PS-Stunde eignet sich nicht besonders für elektrische Arbeit, da diese nicht allein zu Kraftzwecken, sondern auch zur Lichterzeugung verwendet wird. Man hat deshalb eine für elektrotechnische Berechnungen zweckmäßigere Einheit gewählt, die Wattstunde, die der 736. Teil der PS-Stunde ist. 1000 Wattstunden ergeben die **Kilowattstunde,** fälschlich oft als „Das Kilowatt" bezeichnet.

Ebenso hat man für die elektrische Spannung und für die Stärke der Strömung Maße eingeführt, nämlich das Volt und das Ampère, und es besteht der Zusammenhang, daß wenn ein Strom von 1 Ampère, unter dem Einfluß der Spannung von 1 Volt in irgendeinem Stromerzeuger zustande kommt, dieser Strom die Leistung von 1 Watt (1 Kilowatt = 1 KW. = 1000 Watt) erzeugt. Und dieses Watt erzeugt, eine Stunde lang wirkend, die oben abgeleitete Arbeit einer Wattstunde.

Berechnung des Stromverbrauches.

Wenn der Faden einer Glühlampe so beschaffen ist, daß er bei der Spannung von 110 Volt einen Strom von 0,3 Ampère hindurchläßt, so stellt diese Strömung eine Leistung von 33 Watt dar, welche in 10 Stunden eine Arbeit von 330 Wattstunden oder $\frac{330}{736} = 0{,}448$ PS-Stunden an den Glühfaden abgibt, die sich in Wärme und Licht umwandelt.

Wenn eine Glühlampe 25 Watt braucht, um hell zu brennen, so verbraucht sie in der Stunde 25 Wattstunden. Man kann sie also $\frac{1000}{25} = 40$ Stunden brennen lassen bis 1 KW-Stunde verbraucht ist. Bei einem Preise von 40 Pf. pro KW-Stunde kostet die Lampe also 1 Pf. in der Stunde.

Die **Elektrizitätszähler** sind Meßgeräte, welche selbst als winzige Motoren wirkend, die in einer Anlage verbrauchte Arbeit getreu widerspiegeln, und die mit großer Genauigkeit nur die jeweils verbrauchte Arbeit aufzeichnen. Brennt also in einer Anlage von 20 Lampen nur eine, so wird nur deren Arbeitsverbrauch, oder wenn ein 10 PS-Motor nur mit 2 PS belastet ist, so wird nur dieser Arbeitsverbrauch aufgezeichnet.

Über

4. Die Gefahren des elektrischen Stromes

wird viel gefabelt; besonders haben voreilige Zeitungsmeldungen von Kurzschlußbränden unheilvoll gewirkt. Zunächst möge die Frage beantwortet werden: Was ist ein **Kurzschluß?**

Er ist in elektrischen Anlagen etwas Ähnliches, wie in einer Wasserleitung ein Rohrbruch. Wie das Wasser bei unverletzten Rohren nur in geringen vorgeschriebenen Mengen aus den Hähnen austreten kann, so kann durch eine Leitung, die eine Glühlampe speist, nur die geringe Stromstärke fließen, die der dünne Faden hindurchläßt. Sobald aber das Wasserrohr undicht wird oder gar platzt, tritt das Wasser in mächtigem Strom aus. Kurzschluß tritt dann ein, wenn man dem Strom statt der schlechtleitenden Brücke des dünnen Glühfadens durch direkte Verbindung der beiden Zuleitungen einen vielfach besseren Weg bietet. Der über diese **Kurzschluß**stelle fließende starke Strom bewirkt nun in den Zuleitungen das, was vorher der schwache Strom nur im Glühfaden bewirken konnte: Sie erwärmen sich. Aber in den nach den Sicherheitsvorschriften des Verbandes deutscher Elektrotechniker ausgeführten Anlagen ist ein Kurzschluß so gut wie ausgeschlossen, und wenn er doch einmal eintreten sollte, so sorgen die sog. Sicherungen (kurze Stückchen Blei- oder Silberdraht, die sofort bei unzulässigem Anwachsen des Stromes schmelzen) dafür, daß die Leitungen stromlos werden.

Nach Erhebungen einer unserer größten Feuerversicherungsgesellschaften entfielen in den Jahren 1894 bis 1900 auf 42 300 Brände nur 169 Kurzschlußbrände, 1908 ist überhaupt kein Kurzschlußbrand in Wohnräumen bekannt geworden und der geringen Zahl von 14 Kurzschlüssen, die in diesem Jahre überhaupt bekannt geworden sind, stehen z. B. 118 Gasexplosionen, unter diesen allein 63 in Wohn- und Geschäftsräumen gegenüber, ganz abgesehen von den schweren Acetylenexplosionen. Durch Fahrlässigkeit im Gebrauch der Streichhölzer entstanden in diesem Jahre allein 7730 Brände mit einem Schaden von über 3 Millionen

Mark! Ein ähnliches Bild zeigt die Unfallstatistik für das Jahr 1910. Während in **elektrisch beleuchteten Wohnräumen kein einziger Unfall sich ereignet hat**, sind 177 **Leuchtgasvergiftungen** und Leuchtgasexplosionen neben 277 durch Petroleum verursachten Unfällen in Wohnräumen zu verzeichnen. Diese große Sicherheit der elektrischen Beleuchtung hat durch die vor kurzem erlassene behördliche Vorschrift, daß Theater nur elektrisch beleuchtet werden dürfen, eine wertvolle Anerkennung erhalten. Also: Die Kurzschlußfurcht ist ganz und gar ungerechtfertigt, ebenso die Furcht vor der **Lebensgefahr** des Stromes, wenigstens bei den gebräuchlichen Spannungen von 110 und 220 Volt. Die hin und wieder vorkommenden Unfälle beschränken sich in der Hauptsache auf das Bedienungspersonal der Hochspannungsanlagen.

Wenn nun die Tatsache, daß in den gleichen Jahren in Wohn- und Geschäftsräumen 227 Vergiftungsfälle durch ausströmendes Gas verursacht worden sind, niemanden veranlassen wird, von einer besonderen Gefährlichkeit des Leuchtgases zu sprechen, dann darf man noch viel weniger von der Gefährlichkeit elektrischer Anlagen sprechen! **Wo Kinder sind, sollte indessen nur elektrisches Licht gebrannt werden.**

Auch die Furcht vor der **Blitzgefahr** ist ungerechtfertigt, denn Blitzschläge in elektrische Leitungen gehören zu den größten Seltenheiten. Im Gegenteil, jede elektrische Leitung wirkt verteilend auf die Luftelektrizität ein, und außerdem wirken die in jeder Leitung eingebauten Blitzableiter so zuverlässig daß man eine elektrische Leitung als einen ausgezeichneten Schutz gegen die Blitzgefahr ansprechen kann.

II. Die wichtigsten Verwendungsarten der Elektrizität und ihre Kosten.

1. Die elektrische Beleuchtung, ihre Vorzüge und Kosten.

Ihre **Hauptvorzüge** sind:

a) **Gefahrlosigkeit, Reinlichkeit, Betriebsbereitschaft, Einfachheit in der Bedienung.** Dagegen die **Nachteile der anderen Beleuchtungsarten:** Verschlechterung der Luft durch Verbrennungsgase und Rußbildung, mangelhafte Fernzündung, Verschmutzung der Brenner, abtropfende Kerzen und Petroleumausschwitzungen. Durch Naphthalin, Wasser oder Rost verstopfte oder gar eingefrorene Gasrohre, Verschleiß von Glühstrümpfen durch ungeschicktes Anzünden, Zurückschlagen der Flammen im Brenner, Zischen und Sausen der Flammen usw.

b) **Anpassungsfähigkeit und Teilung in beliebig starke Lichtquellen,** wodurch die moderne Beleuchtungstechnik erst möglich geworden ist, mit Drähten, die unsichtbar unter Verputz verlegt werden können oder deren Farbe der Tapete vollkommen angepaßt werden kann; daneben schönwirkende Beleuchtungskörper von außerordentlicher Mannigfaltigkeit und für jeden Geschmack.

c) Die **Billigkeit des elektrischen Lichtes:** Durch die Erfindung der sog. **Metallfadenlampen** ist der Stromverbrauch gegenüber den Kohlenfadenlampen auf den dritten Teil herabgedrückt worden; eine derartige Lampe für 25 Hefnerkerzen (HK.) [1] beansprucht

---

[1] 1 HK. ist die Einheit der Lichtstärke und wird annähernd durch die Lichtstärke einer gewöhnlichen Stearinkerze dargestellt.

Mehrkosten anderer Lichtquellen.

nur noch 25—30 Watt, so daß man bei einem Preise von 40 Pf. für die KW-Stunde eine solche Lampe für ca. 1 Pf. eine Stunde lang brennen kann. Außer dieser Lampengröße gibt es Metallfadenlampen von 16 HK. bis zu 1000 Kerzen. Kohlenfadenlampen werden schon von 5 HK. an hergestellt

Die **Bogenlampen** sind Starklichterzeuger, ihre vorteilhafteste Lichtstärke liegt über 600 HK., deshalb eignen sie sich zur Beleuchtung großer Räume, freier Plätze und der Straßen.

Bei den neueren Bogenlampen ist der Verbrauch für 1 HK. auf etwa 0,2 Watt herabgedrückt worden. Eine 1000 kerzige Bogenlampe würde demnach stündlich für 8 Pf. Strom verbrauchen; dazu kommt der Ersatz der Kohlenstifte.

Die neueren **Quarz und Quecksilberdampflampen** für 3000 Kerzen brauchen stündlich für 24 Pf. Strom, wozu noch 2 Pf. für die nach etwa 2000 Stunden erforderliche Erneuerung der Quarzröhre hinzuzurechnen sind. Man erhält also für 26 Pf. 3000 Kerzen während einer Stunde.

Demgegenüber verbraucht eine gewöhnliche **Stearinkerze** stündlich für 1,3 Pf. Brennstoff, dafür die Lichtstärke von ungefähr 1 HK. liefernd. 25 HK. würden demnach stündlich für 32 Pf. Brennstoff verzehren. Die Kosten der Kerzenbeleuchtung sind also 30 mal so hoch wie die des elektrischen Lichtes.

Eine gute **Petroleumlampe** verbraucht bei 25 HK. für mindestens 2 Pf. Petroleum stündlich, ist also doppelt so teuer wie das elektrische Licht. Das **Acetylenlicht** ist bei Verwendung der Schnittbrenner dreimal so teuer wie elektrisches Licht.

Kosten der Gasbeleuchtung.

ganz abgesehen von der Gefährlichkeit der Acetylenbeleuchtung.

Allein das **Leuchtgas** kann mit dem elektrischen Licht ernstlich in Wettbewerb treten. Um eine Vergleichsgrundlage zu schaffen, möge berücksichtigt werden, daß nach etwa 300 Stunden die Helligkeit der Gasstrümpfe um fast 20% abnimmt, während die Lichtstärke der Metallfadenlampen während etwa 1000 Stunden so gut wie gleichbleibt. Außerdem ist der stehende Gasbrenner der hängenden Glühlampe gegenüber im Nachteil, weil er das meiste Licht seitlich und in die Höhe wirft. Man darf also eine etwa zur Beleuchtung eines Tisches dienende 50 kerzige Glühlampe nicht einem 50 kerzigen Glühstrumpf gleichsetzen, sondern müßte dem Vergleich eine 65 kerzige Gaslampe zugrunde legen, die 125 l in der Stunde verbraucht und die bei einem Gaspreis von 20 Pf. pro Kubikmeter stündlich 2,5 Pf. kostet.

Günstiger stellt sich die Gasbeleuchtung in der Form des hängenden Glühlichtes; indessen haften dieser Lampe manche Nachteile an, nämlich große Empfindlichkeit gegen die unvermeidlichen Druckschwankungen und die Verrußung der Strümpfe. Bessere Beleuchtungskörper werden durch die aufsteigenden Verbrennungsgase beschädigt. Diese Nachteile stellen die größere Billigkeit dieser Lampe stark in Frage.

Aus dem Gesagten folgt:
Unbedingt billiger als Kerzenbeleuchtung, Petroleum und Acetylen ist elektrisches Licht. Die Kostenunterschiede zwischen Gas- und elektrischer Beleuchtung sind so geringfügig,

daß der Elektrizität in Anbetracht der großen Vorzüge (Gefahrlosigkeit und Betriebssicherheit) unbedingt der Vorrang gebührt.

Dies kommt besonders zum Ausdruck, wenn bei größerem Stromverbrauch Rabatt gewährt oder wenn ein Doppeltarif zugrunde gelegt wird, der den Preis der Kilowattstunde bis auf 30 Pf. und darunter sinken läßt. In vielen Betrieben mit großem Lichtbedarf erscheint die eigene Stromerzeugung vorteilhaft. Häufig kann eine nicht voll belastete Betriebsmaschine den Antrieb einer für die Beleuchtung genügenden Dynamomaschine übernehmen. In solchen Fällen können die Kosten für die Kilowattstunde auf 3—5 Pf. herabgehen, einschließlich Verzinsung und Abschreibung, und wenn auch die Anlage durch eine eigene Betriebsmaschine und Akkumulatorenbatterie vervollständigt wird, sind immer noch Preise von 10 bis 15 Pf. pro Kilowattstunde erreichbar.

2. Der Elektromotor als vollkommenste Antriebsmaschine

hat eine zweifache Bedeutung, einmal dadurch, daß in größeren Werkstätten der elektromotorische Antrieb an Stelle der Transmission tritt, dann aber dadurch, daß er, im Anschluß an ein Elektrizitätswerk, den meisten Betrieben die wirtschaftlichste Kraftquelle bietet.

Eine für die Beurteilung dieser Fragen sicherlich maßgebende Körperschaft, der Bergische Bezirksverein Deutscher Ingenieure, hat sich dazu folgendermaßen geäußert:

Gruppenantrieb und Einzelantrieb.

a) „Transmissionsbetrieb ist in der Regel da vorzuziehen, wo sich die Arbeitsmaschinen in unmittelbarer Nähe der Kraftquelle ohne umständliche Transmissionen aufstellen lassen, und zwar dann, wenn es sich um größeren Kraftverbrauch handelt und die Arbeitsmaschinen selten stille stehen." „In allen übrigen Fällen wird zweckmäßig elektrischer Antrieb gewählt werden, und zwar

b) Elektrischer Gruppenantrieb für ununterbrochen arbeitende und gleichmäßig voll beanspruchte Werkstätten."

c) „Elektrischer Einzelantrieb für schnellaufende, mit vielen Unterbrechungen oder nur selten gebrauchte Arbeitsmaschinen, daher für unregelmäßig arbeitende oder schwankend beschäftigte Betriebe, ferner überall da, wo infolge baulicher Verhältnisse Transmissionen nicht verlegt werden können."

Im einzelnen besitzt der Elektromotor folgende Vorzüge:

a) Er läuft mit Last an; seine Umdrehungszahl kann in weiten Grenzen geändert werden, daher Fortfall von Leerscheiben, Stufenscheiben, gekreuzten Riemen, Wendegetrieben usw.

Mit schnellaufenden Maschinen kann er unmittelbar gekuppelt werden, daher Fortfall der Riemen mit ihren Verlusten. Er wird durch die Betätigung eines einfachen Anlaßhebels in Betrieb gesetzt, wobei der Anlasser an beliebiger Stelle, auch weitab vom Motor, eingebaut werden kann. Dieses Anlassen kann auch rein selbsttätig erfolgen, z. B. für den Betrieb weit entfernter Pumpenmotoren. Jeder Elektromotor verträgt auf kürzere Zeit erhebliche Überlastungen.

18 Unerreichte Einfachheit des Elektromotors.

b) Der Elektromotor ist der einfachste Motor; als einzig beweglichen Teil besitzt er den Anker. Ein Verschleiß ist so gut wie ausgeschlossen, und ebenso fällt außer oberflächlicher Reinigung jede innere Reinigung weg. Wegen seines geringen Gewichtes kann er leicht dahin gebracht werden, wo er gerade gebraucht wird. Er ist ferner so gut wie **vollkommen feuersicher**. Er ist **vollkommen erschütterungsfrei**, was für seine Verwendung in der Nachbarschaft bewohnter Räume von großem Wert ist; aus gleichem Grunde fallen kostspielige Fundamente fort.

Ein 5 PS-Elektromotor beansprucht eine Bodenfläche von etwa 0,5 qm; der gleichgroße Gasmotor mindestens 2 qm, abgesehen von dem Schwungrad. Deshalb kann der Elektromotor ebensogut am Boden wie an der Wand oder an der Decke angebracht werden. Ein Umbau der Werkstätte ist ohne weiteres möglich, da der Motor an keinen Platz gebunden ist.

Die Gebäudemauern können leichter gehalten werden, Träger für Vorgelegewellen sind zumeist unnötig; durch den Fortfall der Vorgelege und Riemen werden die Werkstätten heller, auch können Arbeitsräume benutzt werden, in denen die Anbringung eines Vorgeleges unmöglich wäre.

c) **Die Bedienung des Elektromotors kann jedem ungelernten Arbeiter übertragen werden**; sie beschränkt sich auf das Ein- und Ausschalten und auf die in etwa dreiwöchigen Pausen vorzunehmende Ölerneuerung. **Die Kosten für Bedienung sind also gleich Null.**

Der Stromverbrauch richtet sich nahezu vollkommen nach der Belastung; so braucht z. B. ein 5 PS-Motor nur für 1 PS elektrische Energie, wenn er mit dieser Leistung beansprucht wird. Andere Motoren arbeiten dagegen nur dann wirtschaftlich, wenn sie voll belastet sind; werden sie mit geringer Leistung beansprucht, so sinkt ihr Brennstoffverbrauch nur verhältnismäßig wenig. Nun arbeiten aber erfahrungsgemäß die allermeisten Betriebe mit starken Belastungsschwankungen, und diesen paßt sich der Elektromotor vollkommen an, während die andern Motoren hier weit zurückbleiben.

Wird der Elektromotor während kürzerer Zeit gebraucht, so wird er einfach durch eine Hebelbewegung still gesetzt; einen Gasmotor wird man leer weiterlaufen lassen, um die Unbequemlichkeiten des wiederholten Anlassens zu vermeiden, **demzufolge braucht der Gasmotor auch in den Betriebspausen nicht unbeträchtliche Mengen Gas**, die auf die Betriebskosten zu rechnen sind.

3. Der Elektromotor als wirtschaftlichste Kraftquelle.

Ausschlaggebend für die Wahl eines Antriebsmotors darf nur die größere Wirtschaftlichkeit sein, nicht aber die einseitige Berücksichtigung billigeren Anschaffungspreises oder geringen Verbrauches.

Ein 3 PS-Benzinmotor kostet fertig aufgestellt etwa 1550 M., ein Elektromotor gleicher Größe 500 M.

Die Benzinkosten betragen für 1000 PS-Stunden 110 M., die Stromkosten bei 20 Pf. für die Kilowattstunde 180 M. Die Unterhaltung und Schmierung, Verzinsung der Anlage zu 4% und die Tilgung in 15 Jahren erfordern beim Benzinmotor jährlich 184 M., beim Elektromotor 54 M. Der jährliche Betrieb würde also beim Benzinmotor 294 M. und beim Elektromotor

234 M. kosten, demnach arbeitet in diesem Falle der **Benzinmotor um 25% teurer als der Elektromotor.** Diese an und für sich vorsichtig aufgestellte Rechnung fällt noch mehr zugunsten des Elektromotors aus, wenn der Strompreis billiger ist und wenn die Motoren nicht immer vollbelastet und mit großen Betriebspausen arbeiten.

Gleiches gilt für den **Leuchtgasmotor**; so betragen z. B. bei einem Gaspreis von nur 12 Pf. pro Kubikmeter die jährlichen Gesamtkosten für einen 3 PS-Gasmotor, der 1000 Stunden lang vollbelastet arbeitet, 820 M., dagegen unter gleichen Voraussetzungen und bei einem Preise von 20 Pf. pro Kilowattstunde die jährlichen Gesamtkosten des Elektromotors nur 640 M. Also arbeitet in diesem Falle **der Gasmotor um 28% teurer als der Elektromotor.** Daneben verlangen alle Gasmotoren beträchtliche Mengen Kühlwasser, dessen Beschaffung meistens nicht mitgerechnet wird, und beim Sauggasmotor macht sich oft eine Reinigung des übelriechenden Abwassers erforderlich. Aber alle diese Nachteile sind nicht so schwerwiegend wie der Umstand, daß bei solchen Einzelanlagen jede **Betriebsreserve** fehlt, die bei elektromotorischem Antrieb **durch das Netz gewährleistet** wird. Würde man also gerecht rechnen, so müßte man den Betriebskosten der Benzin- und Spiritusmotoren usw. noch einen Risikobetrag für entgangenen Gewinn infolge Störungen am Motor hinzurechnen.

4. Das Kochen und Heizen mit Elektrizität

besitzt gegenüber allen anderen Möglichkeiten unerreichbare Vorzüge, und doch hört man oft das Urteil: „Wir würden gern elektrisches Licht brennen,

Die elektrische Küche.

aber wir wählen Gas, weil wir dann auch die Möglichkeit haben, mit Gas zu kochen." Die so urteilen, dürften aber kaum je einen elektrischen Kochtopf im Betrieb gesehen haben. Jede Feuersgefahr, jede Rauch- und Rußbildung ist bei solchen Kochgeschirren ausgeschlossen! Disse Vorteile allein wird man gern mit etwas höheren Betriebskosten gegenüber dem Kochen mit Gas erkaufen; aber das ist gar nicht einmal nötig, denn **das elektrische Kochen ist nicht teurer als das Kochen mit Gas.** Wenn man freilich 1 Liter Wasser von 7° auf 100° erhitzen will, dann braucht man bei einem Preise von 20 Pf. pro Kilowattstunde für 2,5 Pf. Strom, aber nur für 0,85 Pf. Gas bei einem Preise von 12 Pf. pro Kubikmeter. Dagegen würde man für 2,5 Pf. Spiritus und für 2 Pf. Petroleum verbrauchen.

Die meisten Speisen müssen aber längere Zeit kochen und zur Aufrechterhaltung der Siedehitze kann man bekanntlich mit einer kleineren Gasflamme auskommen als zu deren Erreichung. Stichproben an vielen Gasherden haben nun ergeben, daß man den Gasverbrauch bei aufmerksamer Bedienung um 30 bis 50 % herabsetzen kann, ohne daß die Flamme „zurückschlägt". Dagegen wird die Verminderung der elektrischen Energie viel weiter getrieben, durch Schaltvorrichtungen, die am elektrischen Kochtopf angebracht sind. Man kann demnach während der Kochdauer etwa mit $2/3$ des ursprünglichen Gasverbrauches, dagegen mit $1/3$ des ursprünglichen Elektrizitätsverbrauches rechnen.

Der Preisunterschied wird hierdurch geringer, und die praktische Erfahrung in elektrischen Kücheneinrichtungen zeigt, daß überall dort, wo die Kilowattstunde nicht mehr als 12 Pf. kostet, die

elektrische und die Gasküche gleiche Kosten erfordern.
Vergleiche auch S. 25.

Wenn auch die elektrische Zimmerheizung im regelmäßigen Gebrauch noch nicht mit der gewöhnlichen Ofenheizung und Gasheizung in Wettbewerb zu treten vermag, so kann sie doch für alle Räume empfohlen werden, die nur vorübergehend geheizt werden, wie Fremdenzimmer, Hausflure, Erker usw., auch als Ergänzungsheizung bei unregelmäßig arbeitenden Zentralheizungen. Dort, wo die Elektrizität im eigenen Betrieb zu billigen Preisen nebenher erzeugt wird, kann der elektrische Ofen bei Berücksichtigung seiner hohen Vorzüge (keine Luftverschlechterung, keine Feuersgefahr, vorzügliche Regelung) sehr wohl die gebräuchlichen Heizarten ersetzen.

Besonders möge auf die elektrischen Plätteisen hingewiesen werden, die stündlich für 3—10 Pf. Strom je nach Größe verbrauchen und die sehr wohl die gesundheitlich nicht einwandfreien Spiritus-, Gas- und Glühstoffplätten ersetzen können. Elektrisch geheizte Brennscheren sind ebenfalls nicht teurer, dagegen gefahrloser im Gebrauch als Spiritusbrennscheren. Auch die elektrischen Zigarrenanzünder sind wegen ihres kaum nennenswerten Stromverbrauches hervorzuheben, ferner Fußwärmer, Glühlichtbäder usw. Für Friseure besonders vorteilhaft sind die Haartrockenapparate, die in der Stunde nur für 3—5 Pf. Strom verbrauchen. Dann mögen noch die Hutbügelmaschinen, Leimkocher, Wärmeplatten, die elektrischen Glüh- und Härteöfen und Schweißmaschinen für die Metallindustrie Erwähnung finden. Kurz gesagt: Überall da, wo es darauf ankommt,

Die zweckmäßige Wohnungsbeleuchtung.

große Energiemengen an bestimmten Punkten als Wärme auszunützen, leistet die Elektrizität unschätzbare Dienste.

III. Die Elektrizität in der bürgerlichen Wohnung.

a) Beleuchtung. In jeder Wohnung gibt es Räume, die nur vorübergehend beleuchtet werden, z. B. Vorratskammern, Baderäume, Keller, Klosetts, Fremdenzimmer, die Treppen nach Schließung der Haustür und dann die Schlafräume. Gasbeleuchtung verbietet sich hier meistens wegen der unbequemen Zündung und Löschung und wegen der für abgelegene Räume bestehenden Gefahr unbemerkter Gasausströmungen. Letztere hält viele Gasverbraucher ab, in Schlafräumen Gasbeleuchtung einzuführen. Deshalb werden derartige Räume zumeist mit Petroleumlampen oder Kerzen betreten Beide Beleuchtungsarten sind aber wesentlich teurer als das elektrische Licht mit seiner bequemen Bedienung. Eine 16 kerzige Lampe im Schlafzimmer kostet nur halb so viel wie die ärmliche Beleuchtung mit einer Stearinkerze. Für die anderen obengenannten Räume genügen ebenfalls Lampen von 10—16 HK., und wenn man die so gegenüber der Petroleum- und Kerzenbeleuchtung gemachten Ersparnisse den Beleuchtungskosten für die Wohnräume zugute rechnet, so läßt sich hier eine reichliche Beleuchtung schaffen, die nach dem auf S. 13—16 Gesagten nicht teurer wird als Gaslicht und die immer billiger ist als die vielverbreitete Petroleumbeleuchtung.

Indessen werden bei der Anordnung der elektrischen Beleuchtung durch Unkenntnis der Lichtwirkungen viele Fehler gemacht, die sich vermeiden lassen, wenn man vorher sachverständigen Rat einholt. Es genügt nämlich nicht, einfach an Stelle einer Petroleum- oder Gaslampe die elektrische Lampe anzubringen, vielmehr läßt sich beispielsweise mit einer 25 kerzigen, in richtiger Höhe über dem Tisch hängenden Glühlampe dieser viel reichlicher beleuchten, als mit einer 50 kerzigen Gaslampe an der in der Mitte des Zimmers hängenden „Krone". Andererseits können durch kleinere Lampen dunkle Stellen eines Zimmers aufgehellt werden, und ferner läßt sich durch einige Lampen eine äußerst wirkungsvolle Deckenbeleuchtung erzielen, die den meisten Wohnräumen einen ganz besonderen Reiz verleiht. Solche eigenartige und von der neuzeitlichen Wohnungskunst geforderte Lichtwirkungen sind mit der an bestimmte Stellen des Zimmers gebundenen starren Gasbeleuchtung nimmer zu erzielen, ganz abgesehen von der schöneren, wärmeren Färbung des elektrischen Glühlichtes.

Erfahrungsgemäß brennt eine Glühlampe in der bürgerlichen Wohnung durchschnittlich im Jahre etwa 700 Stunden, daher würde eine 25 kerzige Lampe bei 40 Pf. pro Kilowattstunde jährlich 7 M. kosten, also z. B. 5 Lampen 35 M. resp. 10 Lampen à 16 HK. 45 M. Hierzu kommt noch die Zählermiete von 5—6 M. im Jahr Fürwahr kleine Beträge die sich durch die Annehmlichkeiten der elektrischen Beleuchtung reichlich bezahlt machen. Jedenfalls wird aber nach dem oben Gesagten die Wohnungsbeleuchtung um so billiger, je vollständiger auch die Nebenräume elektrisch beleuchtet werden.

Beispiele einiger Stromrechnungen.

Daß die elektrische Beleuchtung keine Luxusbeleuchtung mehr ist, beweist z. B. die Tatsache, daß unter 8800 Abnehmern der Oberschlesischen Elektrizitätswerke 44% kleinere Leute mit 2—3 Lampen à 16 NK. und 22% mit 5 Lampen sich befinden. Im Anschluß an ein Elektrizitätswerk in der Pfalz verbrauchten z. B. Fabrikarbeiter, welche 4 Lampen benutzten, jährlich für 15—28 M. Strom; Besitzer von Anlagen mit 5 Lampen 17—35 M.; Arbeiterwohnungen mit 6 Lampen verbrauchten für 22—37 M. Strom. Ein Friseur mit 6 Lampen verbrauchte für 46 M., ein Bäcker mit 11 Lampen verbrauchte mit Rücksicht auf seine Nachtarbeit für 120 M. Strom, ein Wirt mit 16 Lampen 112 M., ein Apotheker mit 15 Lampen 105 M. Bei einem anderen Werke mit 300 Anschlüssen verbrauchten jährlich bei einem Strompreise von 50 Pf. für die Kilowattstunde

27 Abnehmer für mehr als 50 M. Strom
40 ,, zwischen 30 u. 50 M. ,,
60 ,, ,, 20 u. 30 M. ,,
65 ,, ,, 15 u. 20 M. ,,
108 ,, für weniger als 15 M. ,,

Auch die vielgefürchteten Anlagekosten können das elektrische Licht nicht beeinträchtigen, denn wenn man die Abschreibung und Verzinsung der Leitungen auf die Brennkosten ausschlägt, so bleiben diese immer noch niedriger als die der Petroleumbeleuchtung, und im Vergleich zum Gas ist bei gleicher Anordnung eine elektrische Leitungsanordnung auch nicht teurer.

b) Falls elektrischer **Kochbetrieb** in größerem Maßstab oder elektrische **Plätterei** usw. eingeführt werden soll, ist hierfür eine besondere Leitung vorzusehen, damit der Strom zu dem billigeren Kraftpreis verrechnet werden kann. Für kleinere Kochgeschirre, wie sie z. B. im Schlafzimmer benutzt werden, ferner für Brennscheren, Zigarrenanzünder genügt der Anschluß an die Lichtleitung, da diese Geräte nur äußerst wenig Strom verbrauchen und selten benutzt werden.

c) Das gleiche gilt für den **Kraftbetrieb in der Wohnung.** Einen kleinen Nähmaschinenmotor, der stündlich etwa für 2—3 Pf. Strom verbraucht, wird man unbedenklich an die Lichtleitung anschließen, ebenso Zimmerventilatoren, Luftbefeuchter, Springbrunnen usw., deren Stromverbrauch etwa dem von 2 Glühlampen entspricht.

Für große Haushaltungen vorteilhaft ist der elektrische Antrieb der verschiedenen im Küchenbetrieb sich einbürgernden Arbeitsmaschinen, so z. B. der Bratenwender, der Messerputzmaschinen, dann der Eismaschinen (2—4 Pf. pro Stunde), der Bohnermaschinen, die stündlich für etwa 3 Pf. 120 qm Bodenfläche bearbeiten.

Für größere Wohnhäuser kommen noch die Personenaufzüge in Betracht, die nur elektrisch betrieben werden können, ferner Vakuumreiniger mit elektrischem Antrieb und Kühlmaschinen.

IV. Die Elektrizität in Geschäftsräumen, Restaurants und Hotels.

a) Hier kommt zumeist ein bedeutender Lichtverbrauch in Frage, bei dem infolge der von fast allen

Beleuchtung v. Geschäftsräumen u. Schaufenstern.

Werken gewährten Rabattsätze eine Ermäßigung der Stromkosten eintritt.

In sehr vielen Fällen, z. B. für Tuchgeschäfte, muß die Beleuchtung eine dem Tageslicht möglichst gleichkommende Tönung besitzen. Dieser Forderung entspricht das elektrische Licht am allerbesten. Dazu kommen seine Feuersicherheit, die für seine Verwendung in vielen Geschäften maßgebend ist und seine sonstigen gesundheitlichen Vorteile, die es für enge Geschäftsräume als ganz besonders geeignet erscheinen lassen. Und dann die Beleuchtung der Geschäftsauslagen! **Das Schaufenster ist eines der wichtigsten Reklamemittel;** die Auslagen sollen schon von weitem das kauflustige Publikum fesseln und das kann in erster Linie und mit größtem Erfolg durch künstlerische, aber nicht aufdringliche Lichtwirkungen geschehen, wofür sich das elektrische Licht mehr als alle anderen Lichtarten eignet. Dabei können die elektrischen Lampen an den geeignetsten Stellen, sogar vollständig verborgen, angebracht werden und keine Hitzeentwicklung verdirbt die ausgelegten Waren. Wer einmal ein geschmackvoll elektrisch beleuchtetes Schaufenster neben einem mit Gas beleuchteten gesehen hat, weiß, welchem die größere Zugkraft beizumessen ist. Und ferner, wie wirksam ist eine auch nach Geschäftsschluß fortgesetzte Beleuchtung des Schaufensters auf den ruhig seines Weges gehenden, Eindrücken zugänglichen Wanderer! Dabei kann die Ausschaltung der Schaufensterbeleuchtung zu festgesetzter Stunde durch einen selbsttätigen Zeitschalter bewirkt werden. Auch für diesen Zweck und für die verschiedenen anderen Formen der modernen Lichtreklame mit selbsttätig stets wechselnden Lichtwirkungen kommt nur das elektrische Licht in Frage, weil es ohne Aufsicht gefahrlos benutzt werden kann und weil durch besondere Tarife derartige Beleuchtungseinrichtungen sich im Betrieb billig stellen.

Die elektrische Beleuchtung ist die geeignetste für alle Restaurationsbetriebe, überhaupt für alle Versammlungsräume, weil sie die in belebten Lokalen ohnehin schon verdorbene Luft nicht noch verschlechtert; auch die Hitzentwicklung ist bei Gasbeleuchtung mindestens zehnmal so groß als bei Verwendung von Metallfadenlampen.

In wenig belebten Lokalen kommt noch die bequeme Bedienung des elektrischen Lichtes zur Geltung, indem die über den einzelnen Tischen hängenden Lampen je nach Bedarf vom Schanktisch aus eingeschaltet werden können.

Für Hotels hat der Zusatz „Elektrisches Licht" werbende Kraft, denn das reisende Publikum stellt heute auch an die Ausstattung kleinerer Hotels, selbst auf dem Lande, gewisse Anforderungen, überdies kann die elektrische Beleuchtung der Fremdenzimmer, in denen vielfach noch die ärmliche, teure Kerzenbeleuchtung Gebrauch ist, bei reichlicherer, behaglicher Beleuchtung direkte Ersparnisse bringen, die der Beleuchtung der Restaurationsräume zugute kommen.

b) Auch die **Kraftbetriebe spielen in Geschäftshäusern, Gastwirtschaften und Hotels** eine große Rolle, vor allem Personen- und Lastenaufzüge, die, elektrisch mit Druckknopfsteuerung usw. betrieben, billiger und zuverlässiger arbeiten, als alle anderen Ausführungen. Daneben bürgern sich die zahlreichen neuen, der Verminderung der Betriebskosten dienenden Maschinen ein, die wegen ihres geringen Kraftbedarfs nur

Vorzüge des Elektromobils.

elektromotorisch betrieben werden können, so z. B. Messerputzmaschinen, Geschirrspülmaschinen, Poliermaschinen, Bratenwender, Fleischhackmaschinen, Zerkleinerungsmörser, Schnee- und Sahnenschläger, dann Gefrier- und Kühlmaschinen für die Vorratsräume, die Lüftungseinrichtungen mit elektrisch betriebenen Ventilatoren, die durch Fernthermometer für die einzelnen Restaurationsräume vervollständigt werden können, Schaufensterwärmer, dann Vakuumreinigungsanlagen usw.

Sehr viele Geschäfte müssen auch für ihre Betriebe Pferde und Wagen benutzen, ebenso wie Ärzte, Reisende usw. zum Besuch der Kundschaft. Daß die Unterhaltung der Pferde oft, besonders im Innern der Städte, große Schwierigkeiten und Kosten bereitet, braucht hier nicht begründet zu werden. Deshalb hat sich für alle diese Zwecke der Benzin-Kraftwagen stark eingebürgert, dem indessen gerade für den Stadtbetrieb wegen seiner Geruchsbelästigung und des geräuschvollen Ganges große Übelstände anhaften. Der nach einem vollkommneren Fahrzeug schauende Blick fällt sofort auf den ruhig dahingleitenden elektrischen Motorwagen, bei dem alle Vorzüge des elektrischen Betriebes, wie sie auf Seite 17—20 geschildert sind, zur Geltung kommen. Aber ihm gegenüber macht sich ebenfalls das völlig unbegründete Vorurteil hoher Betriebskosten geltend.

Freilich, wenn man, wie es häufig geschieht, die Akkumulatorenbatterie des Wagens von der oft bedeutend höheren Netzspannung unter Vorschaltung eines Widerstandes lädt, in welchem große Verluste auftreten, dann wird der Betrieb teuer; wenn man aber einen kleinen Einanker-Umformer zur Ladung verwendet, welcher die hohe Spannung in die zur

Ladung der Batterie erforderliche Größe umwandelt, dann sinken die Betriebskosten ganz wesentlich. So kostet z. B. bei 220 Volt Netzspannung und bei 20 Pf. für die Kilowattstunde die Ladung einer Kraftwagenbatterie von 40 Zellen für eine Wagenstrecke von 100 bis 120 km bei Verwendung eines Ladewiderstandes etwa 8 M., dagegen mit Einanker-Umformer nur noch 2,80 M. Mit derartigen Umformern kann man natürlich auch Wechselstrom oder Drehstrom mittelbar zur Ladung verwenden.

Die gleichen Überlegungen gelten übrigens auch für den elektrischen Betrieb von Booten.

Sehr wesentlich für diese Verwendung des elektrischen Betriebes ist die Tatsache, daß die Elektromotoren außerordentlich unempfindlich gegen Störungen sind, ganz im Gegensatz zu den schnellaufenden Benzinmotoren, die stets eine geschulte Bedienung verlangen.

V. Elektrizität und Handwerk.

Der Grund dafür, daß das Handwerk wieder beginnt, eine seiner Bedeutung für unser Wirtschaftsleben entsprechende Stellung einzunehmen, liegt in erster Linie daran, daß der **Handwerker von der Großindustrie gelernt hat**; er fängt an einzusehen, daß er auch seinem Kleinbetriebe das Gepräge der Wirtschaftlichkeit aufdrücken, die Herstellungskosten verringern und die Leistungsfähigkeit seines Betriebes steigern muß. Er muß die Eigentümlichkeiten seines Betriebes kennen und einschätzen können, um selbst zu beurteilen, wo er Verbesserungen anbringen kann und ob sog. Verbesserungen seinen Betrieb auch wirklich wirtschaftlicher gestalten. Wenn

Elektromotor = wirtschaftlichster Motor. 31

er sich hierbei nicht von Überlegungen leiten läßt, wie sie des näheren auf Seite 19 u. 20 durchgeführt sind, so muß ihm mit Recht der Vorwurf gemacht werden, daß er den höheren Anforderungen seines Berufes nicht gewachsen ist. Wichtig für die Wahl des Betriebsmotors ist die richtige Einschätzung dessen jährlicher Benutzungszeit, die für alle Handwerksbetriebe verhältnismäßig niedrig ist. Jeder Handwerksmeister kann sich an Hand der auf S. 19 u 20 angestellten Berechnungen sein eigenes Urteil darüber bilden, wie sehr der Elektromotor allen anderen Kraftquellen überlegen ist. Er lasse sich aber nicht täuschen durch Berechnungen, welche 1000 oder mehr Stunden als Benutzungsdauer für seinen Motor annehmen, die auf dieser Grundlage errechneten Worte geben ein vollkommen falsches Bild. Die tatsächliche Benutzungsdauer der Motoren im Kleinhandwerk beträgt vielmehr etwa 300 bis 400 Stunden; bei dieser ist der Elektromotor allen anderen Motoren wirtschaftlich überlegen.

In anderen Fällen wieder gilt es den Nutzen des motorischen Betriebs gegenüber dem Handbetrieb nachzuweisen. Da dieser Nutzen vielfach noch allzuwenig gewürdigt wird, mögen die Ergebnisse einer großen Anzahl von Handwerksbetrieben, nach den Veröffentlichungen eines großen deutschen Elektrizitätswerkes, die sich auf die Mitteilungen der betr. Handwerksmeister selbst stützen, hier angeführt werden.

a) **Bäckerei.**
Von 42 Betrieben lagen 77 Jahresrechnungen vor, nach welchen die Pferdekraft jährlich im Mittel

für 30 M. Strom verbraucht. Der Sicherheit halber soll hier sogar mit 60 M. gerechnet werden. Eine 2 PS-Teigknetmaschine würde also jährlich für 120 M. Strom verbrauchen. Rechnet man hinzu die Zählermiete mit 12 M. und die Abschreibung und Verzinsung der Knetmaschine mit Elektromotor (15% von 1200 M.) mit 180 M., so betragen die gesamten jährlichen Betriebskosten 312 M. gegenüber einem mit Sicherheit ersparten Gehilfen, der einschließlich Kost und Wohnung mit 1000 M. zu bewerten ist. Mithin erspart der Elektromotor jählich 700 M. Wird noch eine Schrotmühle betrieben, so stellen sich die Mahlkosten pro Sack Korn zu 100 kg auf 40 Pf. gegenüber den gebräuchlichen Mahlkosten von 90 Pf. Eine Bäckerei, die wöchentlich 1000 Pfund Mehl zu 200 Broten verbäckt, erzielte pro Brot eine Ersparnis von 5—7 Pf. Daß durch die maschinelle gründliche Verarbeitung die Güte des Brotes verbessert wird, bedarf hier keiner Erläuterung.

b) **Fleischerei.**

Von 31 Betrieben lagen 52 Jahresrechnungen vor, die einen mittleren jährlichen Stromverbrauch von 15 M. pro Pferdestärke ergaben. Der Sicherheit halber soll hier wieder mit 30 M. gerechnet werden. Eine 2 PS-Anlage zum Betrieb einer Hackmaschine und Mengmaschine würde also etwa für 60 M. jährlich Strom verbrauchen und die Zinsen nebst Abschreibungen für alle diese Maschinen (15% von 1200 M.) würden 180 M. betragen. Mit der Zählermiete von 12 M. ergeben sich demnach die jährlichen Gesamtkosten zu 252 M. gegenüber 1000 M. für einen ersparten Gehilfen, so daß der Elektromotor jährlich 750 M. erspart. Die jährlichen Betriebskosten

Ersparnisse in der Schreinerei. 33

für 50 000 Pfund Feinschnitt würden sich bei 2 Mann und Handbetrieb auf 2000 M., dagegen bei 1 Mann und Motorbetrieb auf 1252 M. stellen bei Erzeugung besserer Ware.

c) Schreinerei und Stellmacherei.

Für dieses vielseitige Gewerbe, das mit großen Belastungsschwankungen rechnen muß, hat sich der Elektromotor besonders bewährt. Man kann rechnen, daß ein Motor von 3 PS 1 Gesellen, ein 5-PS-Motor 2 Gesellen, ein $7^1/_2$-PS-Motor 3 Gesellen erspart, wobei der Motor eine Hobelmaschine, Kreissäge und Universalmaschine zu betreiben hat. Nach den Ergebnissen von 42 Betrieben, von denen 95 Jahresrechnungen vorlagen, betragen die gesamten jährlichen Kosten, also Strom, Verzinsung und Amortisation aller dieser Maschinen einschließlich Motor von 5 PS ca. 600 M. Der Sicherheit halber soll mit 700 M. gerechnet werden. Das ergibt gegenüber 2000 M. für 2 Gesellen eine **Ersparnis von** 1300 M. In einer Schreinerei mit einem 3-PS-Motor wurden früher bei Handbetrieb mit 1 Gesellen und 1 Lehrling 12 Fensterrahmen bei angestrengter Arbeit in 14 Tagen fertiggestellt, jetzt in kaum 4 Tagen. In einem anderen Betrieb wurde früher 1 Tür durch 1 Gesellen in $2^1/_2$ Tagen, jetzt in 1 Tage fertiggestellt. Eine Stellmacherei fertigte früher in einem Tage 40 Felgen an, die jetzt in einer Stunde hergestellt werden.

d) Schlosserei und Schmiede.

Hier kommt in erster Linie der Antrieb der Bohrmaschine, des Gebläses, des Schleifsteines und der Schmirgelscheibe in Betracht, wozu bei Wagenschmieden noch Drehbank und Bandsäge hinzukommen. Der Kraftbedarf der Motoren schwankt zwischen 1,5 und

3 PS. Von 20 derartigen Betrieben lagen 30 Jahresrechnungen vor, nach denen sich die gesamten jährlichen Kosten, also wieder für Strom, Verzinsung und Tilgung des gesamten Anlagekapitals für einen 2-PS-Motor, Schleifstein, Gebläse und Bohrmaschine auf etwa 310 M. belaufen. Der Sicherheit halber möge wiederum mit 400 M. gerechnet werden, woraus sich eine Ersparnis von 600 M. gegenüber einem Gesellen zu 1000 M. ergibt. In einer Wagenschmiede mit 2-PS-Motor werden z. B. jetzt in $1^3/_4$ Stunde vier vierzöllige Karrenräder aufgezogen, wogegen früher bei Handbetrieb für jeden Reifen $^3/_4$ Stunden bei Bedienung von 2 Gebläsen durch 2 Mann erforderlich waren. Zum Lochen von 8 Rädern waren früher 2 Mann einen vollen Tag beschäftigt, dieselbe Arbeit wird jetzt durch einen Lehrling in etwa 4 Stunden ausgeführt.

e) **Andere Anwendungsmöglichkeiten des Motors im Gewerbe** können nur angedeutet werden, so z. B. der Betrieb von Nähmaschinen (vgl. S. 26) und Zuschneidemaschinen, die bei einem Verbrauch von etwa 5—10 Pf. stündlich Tuche in 60 Lagen, Leinen in 150 Lagen schneiden. Dann der Betrieb von Mühlen jeder Art, Ziegelpressen, Prägepressen, Poliermaschinen, Druckereimaschinen, zahnärztlichen Maschinen, Kaffeeröstern, Kühlmaschinen, die z. B. bei einer stündlichen Leistung von 150 cbm Luft, die von 20° auf 0° gekühlt wird, rund 900 Watt brauchen. Insbesondere ist noch auf die elektrisch betriebenen Werkzeuge, die Bohrer, Meißel usw. hinzuweisen, die mit dem kleinen Motor zu einem einheitlichen Ganzen zusammengebaut sind.

f) Auch für solche Werkstätten, die bereits mit anderen Motoren ausgerüstet sind, verlohnt sich in vielen Fällen die Aufstellung eines Elektromotors. Besonders, wenn kleinere Arbeitsmaschinen häufig für sich benutzt werden, deren alleiniger Antrieb durch den großen Motor unwirtschaftlich wäre, sollte man stets die Frage erörtern, ob sich nicht deren getrennter elektromotorischer Antrieb empfiehlt, um sich von vorhandenen Transmissionen vollkommen unabhängig zu machen.

VI. Die Elektrizität in der Landwirtschaft.

Jährlich wird für 1 Milliarde mehr Getreide in Deutschland eingeführt als ausgeführt, ein Zeichen dafür, daß die deutsche Landwirtschaft noch nicht das leistet, wozu sie berufen ist. Jährlich werden ferner von 250 000 ausländischen Landarbeitern 40 Millionen Mark Ersparnisse ins Ausland abgeführt. Dieses Vermögen wird uns zum größten Teil erhalten bleiben, sobald die allenthalben angebahnte Neuentwicklung der Landwirtschaft sich vollzogen haben wird. Diese gründet sich auf die Anwendung ausgiebigerer Bodenbearbeitung bei dem gleichzeitigen Bestreben, mit der Erhöhung des Rohertrages die Unkosten zu vermindern. Das ist aber erwiesenermaßen nur durch wirtschaftliche maschinelle Arbeitsweisen zu erreichen, die erst durch die Einführung des Elektromotors im landwirtschaftlichen Betriebe ermöglicht worden sind. Denn die schon lange benutzte Lokomobile, deren Größe, meist 15 PS, auf den Dreschbetrieb zugeschnitten ist, ist gänzlich ungeeignet für all die vielen kleinen Leistungen, von denen Mensch und Vieh entlastet werden müssen. Für solche Nebenarbeiten (Futterschneider, Häckselbereitung, Milchverarbeitung usw.) verwendet man jetzt vielfach Benzin- und Spiritusmotoren; indessen können diese gegen den Elektromotor nicht aufkommen, da die **Benutzungsdauer fast aller landwirtschaftlichen Maschinen nur eine sehr kurze ist**, nämlich etwa 150 bis 300 Stunden, weshalb die nach S. 19 für den Elektromotor sprechenden Gründe hier besonders hervortreten. Wenn ferner aus eingehenden Versuchen feststeht, daß sich die Betriebskosten einschließlich Verzinsung und Abschreibung für eine 15-PS-Dreschmaschine mit Heißdampfbetrieb auf 30,7 Pf., mit Benzinlokomobile auf 28,6, dagegen mit Elektromotor auf 20,2 Pf. für die Pferdekraftstunde stellen, so ergibt dies einen neuen Beweis für die **vollkommene Überlegenheit des elektromotorischen Betriebes in der Landwirtschaft**. Jeder Landwirt sollte also an dieser Entwicklung mitarbeiten und auch in seinem Betriebe die Wirtschaftlichkeit fördernde Einrichtungen treffen, wo es nötig ist. Freilich stehen manche Landwirte derartigen Bestrebungen kühl gegenüber, weil sie in dem Vorurteil befangen sind, der Elektromotor wolle sämtliches Zugvieh entbehrlich machen. Das ist und kann natürlich nicht der Fall sein, denn für jedes Gut ist ein gewisser Viehstand schon aus dem Grunde der Düngerbereitung erforderlich; **der Elektromotor soll nur da verwandt werden, wo er wirtschaftlicher als Vieh und Mensch arbeitet**.

Über die **Kosten des elektromotorischen Betriebes** mögen einige aus verschiedenen Betrieben stammende Zahlen, die alle auf dem Strompreise von 20 Pf. pro

Stromkosten für landwirtschaftliche Maschinen. 37

Kilowattstunde beruhen, Rechenschaft geben. Auf einem Hofbesitz von 65 ha, wovon 20 ha beackert werden, betrugen für die Zeit vom 1. Oktober bis 31. März die gesamten Stromkosten für Licht und Kraft 200 M. Dafür wurden mit einem $7^1/_2$ -PS-Motor und einem anderen 2-PS-Motor folgende Arbeiten verrichtet:

244 Zentner Weizen, 30 Zentner Roggen, 450 Zentner Hafer, 73 Zentner Bohnen wurden gedroschen, ferner sämtliches benötigte Schrot, 290 Zentner Korn gemahlen, 450 cbm Wasser gepumpt, sämtliche Torfstreu für den Kuhstall hergestellt und 20000 l Milch entrahmt und verbuttert.

Auf einem anderen Gute von 146 Morgen, das vollständig mit Getreide, Zuckerrübe, Klee und Kartoffeln bebaut wird, wurden in einem Jahre für Kraft 630 KW-Std. (126 M.) und für Licht bei 22 Glühlampen 280 KW-Std. (à 40 Pf., also 72 M.) verbraucht.

Über die Kosten der einzelnen Arbeiten mögen folgende einwandfrei festgestellte Zahlen Aufklärung geben, wobei wieder ein Strompreis von 20 Pf. für die KW-Std. angenommen ist.

1 Zentner Stroh wurde mit einem Verbrauch von 0,2 KW-Std. zu Häcksel geschnitten. Kosten 4 Pf.

Auf einer königlichen Domäne wurden folgende Erfahrungen gesammelt:

„Früher waren 4 Pferde, 2 Männer und 2 Frauen an 260 Tagen im Jahr mit Häckselschneiden beschäftigt und verursachten 3770 M. Unkosten. Nachdem seit einigen Jahren diese Arbeit durch einen Elektromotor verrichtet wird, sanken die jährlichen Betriebskosten bei einem Verbrauche von 2790 KW-Std.

38 Stromkosten für landwirtschaftliche Maschinen.

auf 1220 M. Der elektrische Betrieb hat die Betriebskosten um fast 68% vermindert."

12 Zentner Rüben wurden in $9^1/_2$ Minute mit einem Stromverbrauch von 0,2 KW-Std. geschnitten. Kosten 4 Pf. Das Schroten kostet 10—15 Pf. pro Zentner je nach Art der Frucht und Feinheit des Schrotes.

Das Haferquetschen erfordert 6—8 Pf. pro Zentner.

Um täglich 150 l Milch zu entrahmen, zu verbuttern und zu kneten, wird Strom für 18—20 Pf. verbraucht.

Um täglich 8 cbm Wasser auf 10 m Höhe zu pumpen, wozu früher 2 Ochsen mit 1 Treiber am Göpel 1 Std. lang gebraucht wurden, wird auf einem Gute bei elektromotorischem Betrieb durchschnittlich für 7 M. pro Monat Strom verbraucht.

Kleine Dreschmaschinen, die früher von Hand oder durch Göpel betrieben wurden, beanspruchen bei einfacher Reinigung 2—2,5 KW und liefern dabei 6—10 Zentner Körner. Kosten pro Zentner Reindrusch 5—7 Pf. Größere Maschinen mit doppelter Reinigung, die durch 4 Pferde betrieben wurden, beanspruchen etwa 4—5 KW und liefern 10—15 Zentner Reindrusch in der Stunde. Kosten pro Zentner Reindrusch 6,5—8 Pf., gegenüber mindestens 20 Pf. für Göpeldrusch. Ganz große Maschinen mit Strohpresse beanspruchen Motoren von 20—25 PS; pro Zentner Reindrusch wird für 8—10 Pf. Strom verbraucht.

Jeder Landwirt wird dabei die Vorteile des elektrischen Dreschbetriebes richtig einschätzen Die Pferde werden erfahrungsgemäß beim Göpeldrusch überanstrengt, sie werden außerdem hierdurch andern wichtigen Feldarbeiten entzogen. Bei elektrischem

Der elektrische Pflug. Wasserversorgung.

Betrieb kann der Landwirt dreschen, wann er will, und da der Drusch schneller erledigt wird, spart er an Arbeitslöhnen.

Von besonderem Vorteil für alle diese Betriebe ist das **leichte Gewicht der kleinen, in Frage kommenden Motoren**, die leicht zu ihrer jeweiligen Verwendungsstelle getragen oder gefahren werden können und die vor allen Dingen feuersicher sind und von jedem ungelernten Arbeiter nebenbei bedient werden können. Auch der **elektrisch betriebene Pflug**, der selbst auf dem ungünstigsten Gelände sowohl für Flach- als auch für Tiefkultur verwendbar ist, bürgert sich mehr und mehr ein, denn seine Betriebskosten sind stets niedriger als bei Dampfpflügen, und bei größerer Furchentiefe als 7 Zoll arbeitet er billiger als ein Gespann.

Die Kosten schwanken dabei je nach der Furchentiefe zwischen 3 M. pro Morgen bei 4 Zoll und 7 M. pro Morgen bei 14 Zoll gegenüber 5—11 M. bei Dampfpflügen und 3—13 M. bei Gespannbetrieb.

Besonders möge auch noch darauf hingewiesen werden, daß der elektrische Betrieb die auf dem Lande sehr häufig noch fehlende Wasserversorgung in billigster, zuverlässigster Weise mit selbsttätiger Regelung des Pumpwerks von den kleinsten bis größten Anlagen für einzelne Höfe, Güter und Dörfer ermöglicht. Das Lichtbedürfnis in der Landwirtschaft ist verhältnismäßig gering; es genügen für Hausflure Glühlampen von etwa 5—10 HK., für Stallungen und Wirtschaftsräume solche von 10—16 HK. und für Wohnräume solche von 16—25 HK., dabei ist, wie aus dem auf S. 14 Gesagten hervorgeht, eine doppelt so reichliche elektrische Beleuchtung nicht teurer als die gebräuchliche Petroleumbeleuchtung.

VII. Einige Ratschläge für Hausbesitzer und Bauunternehmer.

1. Wie es heute als selbstverständlich gilt, daß jedes bessere Haus Gasleitung besitzt, so lasse jeder, der ein Haus baut, es sofort an das Elektrizitätswerk anschließen, verlege wenigstens die durch alle Stockwerke gehende Steigleitung und sehe die Anschlüsse zu den einzelnen Räumen vor. Im Rohbau lassen sich diese Arbeiten am billigsten ausführen. Auch wenn in einem Mietshause eine Wohnung frei steht, oder bei baulichen Veränderungen, sollte stets die Gelegenheit zur nachträglichen Herstellung der elektrischen Leitungsanlage wahrgenommen werden. Denn durch die Möglichkeit elektrischer Beleuchtung steigt der Mietswert einer Wohnung bedeutend.

2. Für größere Wohnungen ist die Verlegung einer besonderen Kraftleitung neben der Lichtleitung angebracht.

3. Alle Neuanlagen und Erweiterungen lasse man nur von wirklich sachverständigen Installateuren oder durch die Beauftragten des Elektrizitätswerkes ausführen.

4. Wer elektrische Beleuchtung oder Kraftbetrieb in größerem Maßstabe einrichten will, erkundige sich vorher bei dem Elektrizitätswerk, nach welchem Sondertarif er am günstigsten Strom bezieht, da die bei fast allen Werken bestehenden Mehrfachtarife große Erleichterungen gewähren. Das gilt in erster Linie für alle Betriebe, die in den späteren Abendstunden Strom

Treppenbeleuchtung.

brauchen, also für Restaurants, Hotels und für die Lichtreklame.

5. Die Treppenbeleuchtung, für welche die Hausbesitzer haftpflichtig sind, geschieht am sparsamsten und zuverlässigsten durch elektrisches Licht unter Verwendung selbsttätiger Zeitschalter, welche die Treppenbeleuchtung mit Einbruch der Dunkelheit von selbst einschalten, und zu einem bestimmten wählbaren Zeitpunkte wieder löschen.

Soll die Treppenbeleuchtung in der späteren Nachtstunde wieder in Wirksamkeit treten, so kann man sie von der Haustüre oder von jedem Stockwerk aus durch einen Druckschalter betätigen, worauf sie nach 3—5 Minuten von selbst wieder erlischt.

Mit dieser Treppenbeleuchtung verbunden oder auch getrennt für sich läßt sich die Hausnummer beleuchten (z. B. für Ärzte usw. von Wichtigkeit).

6. Während der Bauzeit leistet die Elektrizität wertvolle Dienste zur Beleuchtung der Bauplätze während nächtlicher Arbeiten und zur vorgeschriebenen Beleuchtung der Baugerüste, für welche Zwecke zeitweilige Anschlüsse ohne große Kosten hergestellt werden können. Von besonderer Bedeutung ist auch der Ersatz der Zugpferde durch den Elektromotor, der die Karren aus den oft grundlosen Baugruben zieht, wodurch, abgesehen von der Schädigung der Zugpferde, eine Zeitersparnis von 40—50% erzielt wird. Auch für die Senkung des Grundwasserspiegels, ferner für Lastenaufzüge, Mörtelmaschinen usw. ersetzt der Elektromotor vorteilhaft die Lokomobile.

Sachverzeichnis.

Abwasserreinigung 20.
Ampère 9.
Anlagekosten 20, 25, 31 ff.
Aufzüge 26, 28.
Azetylen 14.

Bandsäge 33.
Beleuchtungskörper 13, 24.
Benzinmotor 19.
Betriebsvergrößerung 35.
Blitzgefahr 12.
Bogenlampe 14.
Bohnermaschine 26.
Bohrmaschine 33.
Bratenwender 26, 29.
Brennschere 22, 26.

Deckenbeleuchtung 24.
Drehbank 33.
Dreschmaschine 36 ff.
Druckerei 34.
Druckknopfsteuerung 28.

Einzelantrieb 17, 35.
Eismaschine 26, 29.
Elektrizitätszähler 9.

Fernthermometer 29.
Fleischhackmaschinen 32.
Fußwärmer 22.
Futterschneider 36, 37.

Gasexplosionen 11.
Gasmotor 20.
Gasvergiftungen 12.
Gebläse 33.
Glühlichtbäder 22.
Glüh- und Härteöfen 22.

Haartrockenapparat 22.
Häckselbereitung 37.
Heißdampfbetrieb 36.
Hitzeentwicklung 21, 28.
Hobelmaschine 33.
Hutbügelmaschine 22.

Kaffeeröster 34.
Kilowatt 9.
Kochtopf, elektrischer 21.
Kohlenfadenlampe 13.
Kosten der elektrischen Beleuchtung 10, 13, 24.
Kraftwagen 29.
Kreissäge 33.
Kühlmaschine 29.

Lebensgefahr 12.
Leimkocher 22.
Lichtreklame 27.
Lokomobile 36.
Luftbefeuchter 26.

Mengmaschine 32.
Messerputzmaschine 29.

Sachverzeichnis. 43

Metallfadenlampe 13.
Milchverarbeitung 37, 38.
Mühlen 34.

Nähmaschinen 26.

Petroleumbrenner 13, 14.
Petroleumlampe 14.
Pflug 39.
Plätteisen 22, 25.
Poliermaschine 29, 34.
Prägepresse 34.

Quarzlampe 14.
Quecksilberdampflampe 14.

Rabatt 16.
Rübenschneider 38.

Sauggasmotor 20.
Schaufenster 27.
Schleifstein 33.
Schmirgelscheibe 33.
Schrotmühle 32, 38.
Schweißmaschine 22.
Sicherheitsvorschriften 11.
Sicherungen 11.
Sondertarif 16, 21, 28, 40.

Spiritusbrenner 21.
Spiritusmotor 36.
Springbrunnen 26.
Spülmaschine 29.
Stearinkerze 14.
Steigeleitung 40.

Teigknetmaschine 32.
Treppenbeleuchtung 41.

Überlastung des Motors 17.
Universalmaschine 33.

Vakuumreiniger 26, 29.
Ventilatoren 26, 29.
Volt 9.

Wärmeplatte 22.
Wasserversorgung 38, 39.
Wattstunde 9.
Wirtschaftlichkeit 19, 30, 35.

Ziegelpresse 34.
Zigarrenanzünder 22, 26.
Zimmerheizung 22.
Zuschneidemaschine 34.

Preis 25 Pf.

Bei Abnahme von mindestens	50	Exemplaren	20 Pf.
,, ,, ,, ,,	100	,,	16 Pf.
,, ,, ,, ,,	500	,,	14 Pf.
,, ,, ,, ,,	1000	,,	12 Pf.

Verlag von Julius Springer in Berlin.

21. bis 30. Tausend!

Der elektrische Landwirt.

Ein Merkbüchlein in Frage und Antwort.

Von

Dipl.-Ing. A. Vietze,

Oberingenieur in Halle a. S.

Preis 40 Pf.

Bei Abnahme von mindestens	50 Exemplaren	36 Pf.
" " " "	100 "	34 "
" " " "	500 "	32 "
" " " "	1000 "	30 "

Inhaltsverzeichnis:

Einleitung.
Die Beschaffung der Elektrizität auf dem platten Lande.
Die Eigenschaften des Elektromotors.
Die Eigenschaften des elektrischen Lichts.
Die Installationskosten elektrischer Licht- und Kraftanlagen
Die Messung und Berechnung der Elektrizität.
Die Betriebskosten von elektrischen Lampen und Motoren.
Winke für die Vergebung von elektrischen Licht- und Kraftinstallationen.
Ratschläge für die Einrichtung von elektrischen Licht- und Kraftinstallationen.
Behandlung und Wartung elektrischer Licht- und Kraftinstallationen.
Vorsichtsmaßregeln und Verhalten gegenüber elektrischen Leitungen.

Zu beziehen durch jede Buchhandlung.

Verlag von Julius Springer in Berlin.

Ratgeber
für die Gründung elektrischer Überlandzentralen.

Von

Dipl.-Ing. A. Vietze,

Oberingenieur und Vorsteher der Elektrotechnischen Abteilung des Verbandes der Landwirtschaftlichen Genossenschaften der Provinz Sachsen und der angrenzenden Staaten zu Halle a. S. E. V.

Preis M. 4.—; in Leinwand gebunden M. 5.—.

Inhaltsverzeichnis.

I. Aufklärung der Interessenten.
   1. Die Überlandzentralenbewegung.
   2. Die genossenschaftlichen Überlandzentralen.
   3. Die Bedeutung und die Verwendung der Elektrizität in der Landwirtschaft.
II. Entstehung einer Überlandzentrale (Vorerhebungen, Gründung einer Gesellschaft).
III. Vorarbeiten der Gesellschaft für den Bau einer Überlandzentrale.
IV. Vergabe der Bau- u. Installationsarbeiten.
V. Literaturnachweis.

Zu beziehen durch jede Buchhandlung.

Verlag von Julius Springer in Berlin.

Elektrizität im Hause.

In ihrer Anwendung und Wirtschaftlichkeit

dargestellt von

Georg Dettmar,

Generalsekretär des Verbandes Deutscher Elektrotechniker.

Mit 213 Textfiguren.

In Leinwand gebunden Preis M. 4.—.

Inhaltsverzeichnis.

A. Allgemeines.

B. Beleuchtung.
Verschiedene Arten der Beleuchtung — Eigenschaften der Beleuchtung — Hygienische Bedeutung der elektrischen Beleuchtung — Betriebskosten der Beleuchtung.

C. Kochen.
Allgemeines — Dauerhaftigkeit der Apparate — Unempfindlichkeit der Apparate — Wärmeregulierung — Verschiedene Arten der Kocheinrichtungen — Eigenschaften der elektrischen Kocheinrichtungen — Kosten des Kochens — Anwendungsmöglichkeiten des Kochens — Einrichtungskosten.

D. Heizung.
Raumheizung — Fußwärmer und Heizteppiche — Bügeln — Brennscherenerwärmung — Haartrockner — Zigarrenanzünder — Warmwasserapparate — Verschiedene Apparate.

E. Antriebe.
Haushaltungsmotor — Elektrische Aufzüge — Entstaubungsanlagen — Waschmaschinenanlagen — Ventilatoren — Nähmaschinenantrieb — Parkettbohnermaschinen — Wasserversorgung — Kühlanlagen — Verschiedene Antriebe.

F. Verschiedene Anwendungen des Starkstromes.
Die Anwendung der Elektrizität für Heilzwecke — Ozonapparate — Luftbefeuchtungsapparate — Elektromobile.

G. Schwachstromanlagen.
Klingel- und Telephonanlagen — Türöffner — Einbruchsicherungen — Feuermelder — Elektrische Uhren — Verschiedenes.

H. Vergleich der Kosten von Elektrizität und Gas für Beleuchten, Kochen u. Bügeln.

J. Förderung der Verwendung von Elektrizität.

Zu beziehen durch jede Buchhandlung.

Verlag von Julius Springer in Berlin.

Elektrotechnische Winke
für Architekten und Hausbesitzer
Von
Dr.-Ing. L. Bloch und R. Zaudy

Mit 99 Textfiguren

In Leinwand gebunden Preis M. 2.80

Inhaltsverzeichnis

Einleitung.

I. Die Installation.

Hausanschluß — Hauptleitungen — Steigeleitungen — Verteilungsstellen — Verteilungsleitungen in Wohnhäusern — Verteilungsleitungen in Geschäftshäusern.

II. Elektrische Beleuchtung.

Allgemeines — Elektrische Glühlampen — Elektrische Bogenlampen — Quecksilberlampen — Lichtstärke und Verbrauch der elektrischen Lampen — Wahl der Lampenart — Wahl der Lampenzahl und Lichtstärke — Anordnung der Lampen — Indirekte elektrische Beleuchtung —Treppenbeleuchtung — Schaufensterbeleuchtung — Reklamebeleuchtung.

III. Elektrisches Kochen und Heizen.

Allgemeines — Elektrische Kochapparate — Elektrisches Plätten — Elektrische Heizung.

IV. Elektrische Kraftbetriebe.

Allgemeines — Aufzüge — Ventilatoren — Staubsauger — Wasserversorgung — Ladestationen — Kühlanlagen — Haushaltungs- und Küchenmaschinen.

V. Elektrisch betriebene Bauhilfsmaschinen.

Allgemeines — Elektrischer Betrieb bei Ausschachtungsarbeiten — Grundwasserabsenkung — Rammen — Hebezeuge — Mischmaschinen — Maschinen für Holz- und Eisenbearbeitung — Werkzeuge mit Druckluft- und direktem elektrischen Betrieb — Schlußwort.

Verzeichnis der Tabellen.

Schematische Bezeichnungen in Installationsplänen — Lichtstärke und Effektverbrauch der Glühlampen — Lichtstärke und Effektverbrauch der Bogen-Lampen — Tabelle zur Bemessung der Beleuchtung von Innenräumen — Verbrauch elektrischer Koch- und Heizapparate.

Zu beziehen durch jede Buchhandlung.

MIX
Papier aus verantwortungsvollen Quellen
Paper from responsible sources
FSC® C105338

If you have any concerns about our products,
you can contact us on
ProductSafety@springernature.com

In case Publisher is established outside the EU,
the EU authorized representative is:
**Springer Nature Customer Service Center GmbH
Europaplatz 3, 69115 Heidelberg, Germany**

Printed by Libri Plureos GmbH
in Hamburg, Germany